超級神奇的身體

甩來甩去的鼻涕

段張取藝　著／繪

超級神奇的身體

 2022年12月01日初版第一刷發行

著、繪者　段張取藝
主　　編　陳其衍
美術編輯　黃郁琇
發 行 人　若森稔雄
發 行 所　台灣東販股份有限公司
　　　　　＜地址＞台北市南京東路4段130號2F-1
　　　　　＜電話＞(02)2577-8878
　　　　　＜傳真＞(02)2577-8896
　　　　　＜網址＞http://www.tohan.com.tw
郵撥帳號　1405049-4
法律顧問　蕭雄淋律師
總 經 銷　聯合發行股份有限公司
　　　　　＜電話＞(02)2917-8022

哧溜 —— 哧溜 ——
流鼻涕 **好麻煩**！
黏糊糊的鼻涕甩來甩去，
怎麼流也流不完！
我們為什麼會流鼻涕呀？

各種各樣的流鼻涕

無論你是大人還是小孩，不管你在做什麼，都隨時可能流鼻涕。

嬰兒笑出了鼻涕泡

感冒時，堵住一個鼻孔，鼻涕從另一邊流了出來

打噴嚏時，噴出了長長的鼻涕

冷風中，鼻涕被凍成了冰柱子

低頭繫鞋帶時，流下了長長的鼻涕

大哭時，鼻涕眼淚一起流

烤串時，流出了鼻涕

吃麵條兒時，流出了鼻涕

吃飯時打了個噴嚏，鼻涕和飯都噴了出來

演講時，突然流出了鼻涕

課堂上，同學們
此起彼伏地吸鼻涕

口罩裡流滿了鼻涕

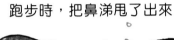

跑步時，把鼻涕甩了出來

高空彈跳時，
流出了鼻涕

特務執行任務時，
流出的鼻涕觸響了警報

低頭說話時，
為對方下了
一場鼻涕雨

在水中時，冒出了
一個大大的鼻涕泡

5

如何處理鼻涕？

鼻涕總會源源不斷地出現，每當這時，你會怎麼做呢？請你判斷下面這些處理鼻涕的方式是否文明，正確的畫「✓」，錯誤的畫「×」。

○ 用紙巾把鼻涕擤掉

○ 洗臉時，把鼻涕擤出來，用水沖走

○ 撕作業本上的紙擤鼻涕

○ 擤在垃圾桶裡

不文明行為，不要模仿！

○ 偷偷把鼻涕擦在別人的衣服上

○ 用衣袖把鼻涕擦掉

○ 擦在棉拖鞋上

○ 讓小貓用尾巴把鼻涕蹭走

○ 讓小狗把鼻涕舔掉

6

○ 抓一把樹葉，
把鼻涕擦掉

○ 偷偷把鼻涕
抹在書包上

○ 偷偷把鼻涕
擦在課桌裡

○ 偷偷把鼻涕
蹭在窗簾上

○ 偷偷把鼻涕
黏在牆上

○ 順手擦在椅子上

○ 用力把鼻涕吸回去

○ 放任鼻涕流

鼻涕製造中心

每個人都會流鼻涕，不過，一般情況下，鼻涕並不會從鼻孔流出，而是去了其他地方。

前方進入鼻腔站，請接受安檢！

千萬不要因為鼻毛妨礙美觀，就把它們剪光，它們可是很重要的！

鼻毛
一根根鼻毛就像鼻腔大門的警衛員，能把大量的灰塵、細菌和小蟲子等異物拒之門外。

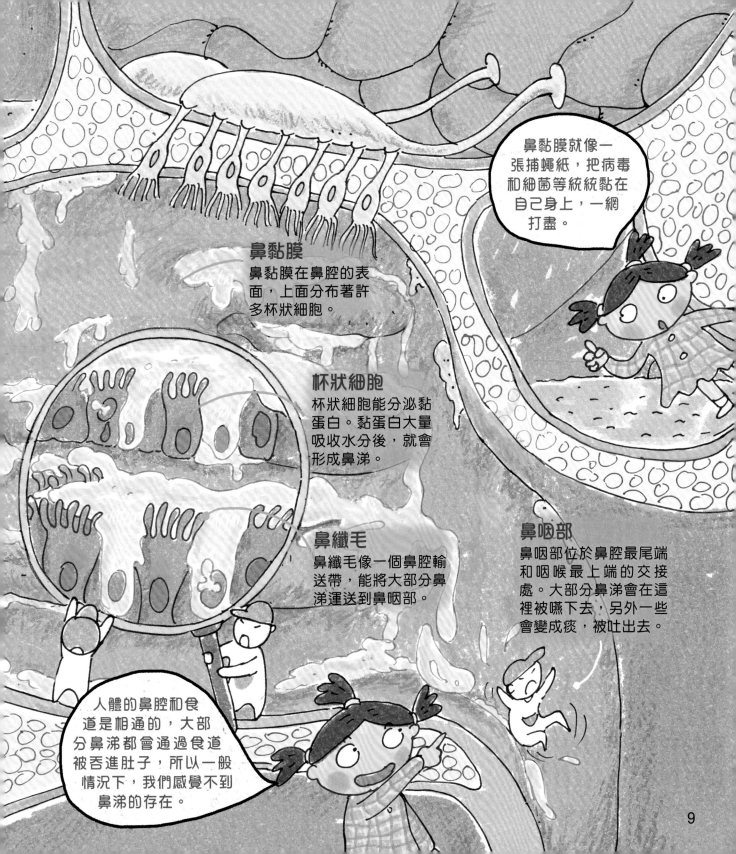

鼻黏膜
鼻黏膜在鼻腔的表面,上面分布著許多杯狀細胞。

鼻黏膜就像一張捕蠅紙,把病毒和細菌等統統黏在自己身上,一網打盡。

杯狀細胞
杯狀細胞能分泌黏蛋白。黏蛋白大量吸收水分後,就會形成鼻涕。

鼻纖毛
鼻纖毛像一個鼻腔輸送帶,能將大部分鼻涕運送到鼻咽部。

鼻咽部
鼻咽部位於鼻腔最尾端和咽喉最上端的交接處。大部分鼻涕會在這裡被嚥下去,另外一些會變成痰,被吐出去。

人體的鼻腔和食道是相通的,大部分鼻涕都會通過食道被吞進肚子,所以一般情況下,我們感覺不到鼻涕的存在。

9

鼻涕裡面有什麼？

我們每天要「吃掉」不少鼻涕這件事，聽起來的確有些噁心。但其實，正常的鼻涕不僅沒有那麼糟糕，還能保護我們呢。

水
水能濕潤鼻黏膜和進入鼻腔的空氣，鼻涕的成分95%都是水。

溶菌酶
溶菌酶能溶解細菌，幫助人體抵禦一些細菌和病毒的侵襲。

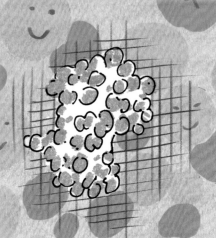

黏蛋白
黏蛋白是一種具有黏性的蛋白質，可以使鼻涕黏住空氣中的一些灰塵和微生物，淨化呼吸道。

礦物質
礦物質（無機鹽）使鼻涕嘗起來有淡淡的鹹味。

人體內的胃酸很強大，可以消除大部分常見的致病菌和病毒。所以在正常情況下，鼻涕被吞進肚子這件事，是不用擔心的。

脫落的死細胞
一些細胞死亡後，它們的屍體會被鼻涕黏住。

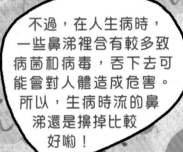

脂肪
細胞在代謝時，會排出少量脂肪，落到鼻涕裡面。

不過，在人生病時，一些鼻涕裡含有較多致病菌和病毒，吞下去可能會對人體造成危害。所以，生病時流的鼻涕還是擤掉比較好喲！

灰塵
一些無法被鼻毛清掃的小顆粒灰塵，會落到鼻涕裡面。鼻涕中的黏液在這些小顆粒灰塵周圍逐漸變乾、變硬，就形成了鼻屎。

鼻涕「信號燈」

　　鼻涕中的成分發生變化，顏色也會隨之改變。不同顏色的鼻涕就像信號燈，幫身體傳遞著健康信號。

無色
無色鼻涕主要由水構成，出現在感冒的初期或過敏性鼻炎發作時。

情況還在掌握之中！別擔心！

加油

白色
白色鼻涕中，水的含量減少了，黏蛋白增多了。這說明身體已經被細菌或病毒入侵了，是感冒前期的症狀之一。

情況已經很危急了，快申請場外援助！

黃色
出現黃色鼻涕，說明侵入身體的細菌或病毒越來越多。「飛奔」到鼻腔的白血球在與細菌或病毒「作戰」後「同歸於盡」，就把鼻涕染成了黃色。

說明感染的情況已經非常嚴重了，要及時到醫院治療！

濃綠色
侵入身體的細菌或病毒太強大了，保衛身體的白血球大量「陣亡」。細胞殘骸越來越多，會使鼻涕越來越黏稠，由黃色變為濃綠色。

紅褐色
由於環境乾燥等原因，鼻腔內部可能會出血，把鼻涕染成紅褐色。如果紅褐色鼻涕經常出現，則可能是一些血液疾病或鼻部腫瘤的前兆。

黑色
出現黑色鼻涕，說明你正處在非常惡劣的環境中，吸入了煤塵和煙塵等微粒，要及時採取防護措施。

這樣的環境不能久留！

13

鼻涕大塞車

感冒時，除了會出現各種顏色的鼻涕，還會發生鼻塞。
鼻腔裡到處都是黏糊糊的鼻涕，怎麼擤也擤不完。

感冒不僅會使我們感到鼻塞、產生大量的鼻涕，還會帶來一連串令人難受的症狀。

14

感冒讓鼻黏膜腫脹，再加上不斷增多的鼻涕，鼻腔就會像馬路上發生大塞車一樣，被塞住。

拼命工作的鼻黏膜

當鼻腔受到病菌攻擊時，鼻黏膜會釋放比平常更多的黏蛋白，來對抗細菌。

發生故障的鼻纖毛

感冒時，鼻纖毛會大量死亡。「鼻腔輸送帶」發生故障，會使大量的鼻涕堆積在鼻腔。

腫脹的血管

為了保護鼻腔，鼻黏膜上的小血管會不斷擴張、腫大。但這樣一來，空氣就會難以流通，引發鼻塞。

如果想早日康復，除了要遵循醫囑，按時吃藥，還要做到這幾點。

消滅感冒祕訣

1. 保證充足的睡眠。
2. 清淡飲食，充分飲水。
3. 適當運動，增強抵抗力。
4. 注意衛生，勤洗手、勤通風。
5. 減少出行，以防交叉感染。

突然來訪的鼻涕

有時，我們的鼻子會無緣無故地發癢、流鼻涕。這可能是因為空氣中的某些物質引發了過敏性鼻炎。

過敏原

引發過敏性鼻炎的是一些原本無害，卻被身體免疫系統誤以為有害的物質，被稱為過敏原。目前已知的過敏原已經接近兩萬種。

寵物毛髮

食物

香水

黴菌

蟎蟲

柳絮

花粉

過敏性鼻炎的持續時間比感冒更長，也很難根治，是個很難對付的「敵人」！

錯誤的警報

當一些無害的物質，也就是過敏原，進入鼻黏膜後，會被身體錯誤地判斷為有害物質，使免疫系統發出錯誤警報。

過敏原

身體的反擊

過敏原

肥大細胞

組織胺

發現過敏原的「攻擊」後，鼻黏膜上的肥大細胞數量會增加，釋放出組織胺等化學物質，「反擊」過敏原。

出現過敏反應

感覺神經受到組織胺的影響，就會讓人想打噴嚏。鼻黏膜受到刺激後，會過度分泌物質，同時引起鼻塞等過敏反應。

小叮嚀

我們可以去醫院檢測自己的過敏原有哪些。生活中，要儘量避免與過敏原接觸，因為嚴重的過敏反應甚至會導致死亡！

17

「冷不防」流出的鼻涕

到了冬季，我們明明沒有感冒，也沒有過敏，卻還是會流鼻涕，這是為什麼呢？

冷空氣刺激
每天大約有10000～20000升空氣流經鼻子，而冬季的空氣寒冷又乾燥，經過鼻子時，會讓人覺得不舒服。

制定對策
鼻腔內的神經受到冷空氣刺激後，會將信號傳送給大腦。大腦隨即開始部署對策，讓鼻子將這些空氣加熱、加濕。

一個健康的鼻子可以在千分之一秒內，將吸入的空氣加熱30℃！

升高溫度
接收到大腦的指令後，鼻黏膜中的血管會擴張，使血液的流量增多，幫助膨脹的鼻黏膜給進入鼻腔的空氣升溫。

18

增大濕度

升溫的同時，膨脹的鼻黏膜也會分泌更多的液體，讓進入鼻腔的空氣變得濕潤一些。

4

反覆循環

當我們長時間處在寒冷的環境中，鼻腔內的神經就會不停地受到刺激，不斷申請加熱、加濕，如此反覆循環。

5

「一股清流」

當我們從寒冷的室外突然進入溫暖的室內時，空氣不再需要被加熱，分泌過多的鼻涕就會像一股清流一樣，從鼻孔流出。

6

想要避免這些「冷不防」流出的鼻涕，可以在外出時用圍巾或口罩護住口鼻，使進入鼻腔的空氣變得溫暖和濕潤一些。

19

阿—阿—阿嚏！

打噴嚏是身體的本能反應，十分常見。它可以幫助我們清潔和保護呼吸道，排出異物和過多的分泌物。

有異物！
大腦會收到三叉神經傳來的資訊，自動下達「打噴嚏」的指令。

緊急呼救！有髒東西入侵體內！

深呼吸！
這時，我們會感到鼻子發痠、發癢。接著便深吸一口氣，使胸部猛烈地收縮。

噴出去！
當肺裡的氣吸得足夠多，在壓力的作用下，強大的氣流會衝開關閉的鼻咽通道，將異物和鼻涕一起通過鼻腔噴出去。

這股氣流衝擊的過程就是打噴嚏！

擤鼻涕指南

　　鼻涕流個不停的時候，最直接的解決辦法就是擤鼻涕。這雖然是我們常做的一件事，卻也是要講究方式方法的，一起來看看如何正確擤鼻涕吧！

上半身微微前傾。

這個姿勢更便於鼻涕流出。

被紙巾捂住的一側鼻孔稍微用力呼氣。

用手指按住一側鼻孔後，再用紙巾捂住另一側。

鼻子比我們想像的更加脆弱，擤鼻涕時可不能過於用力呀！

挖鼻孔壞處多

有一小部分鼻涕乾燥後，會結合鼻毛、鼻腔死皮和細菌等，形成鼻屎。很多人都對挖鼻屎這件「髒兮兮」的事情樂此不疲。但事實上，挖鼻孔對鼻子的傷害是非常大的。

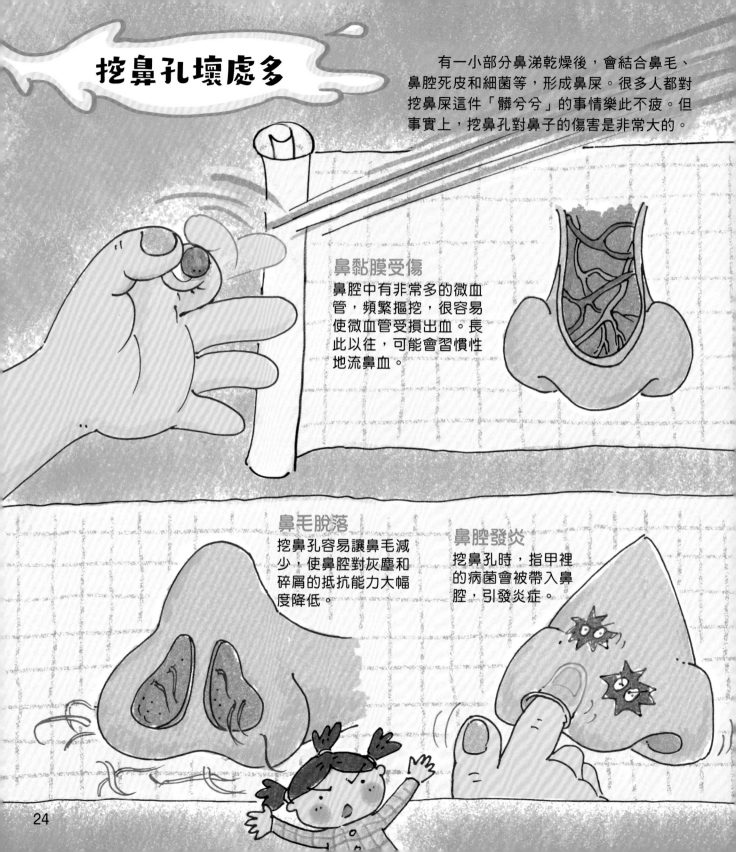

鼻黏膜受傷
鼻腔中有非常多的微血管，頻繁摳挖，很容易使微血管受損出血。長此以往，可能會習慣性地流鼻血。

鼻毛脫落
挖鼻孔容易讓鼻毛減少，使鼻腔對灰塵和碎屑的抵抗能力大幅度降低。

鼻腔發炎
挖鼻孔時，指甲裡的病菌會被帶入鼻腔，引發炎症。

顱內感染

挖鼻孔可能會導致細菌感染，引發炎症。有些細菌甚至會乘虛而入，進入大腦，繼而引發顱內感染。

鼻孔變形

長期挖一側的鼻孔，會導致兩個鼻孔大小不一樣，嚴重影響美觀。

觀感不佳

在別人面前挖鼻孔很不雅觀，是一種不講衛生的行為。

鼻屎的正確清理方法是先用生理鹽水沖洗鼻腔，再用柔軟的紙巾或棉花棒清理。鼻腔堵塞嚴重時，需要到醫院做鼻腔沖洗。

鼻涕還能這樣用？

豪華的「鼻涕宮殿」

海洋中，幼形海鞘會釋放類似鼻涕的黏糊膠狀物，牠們還會用自己的這種「鼻涕」建造一座「宮殿」。幼形海鞘只有月餅大小，但是牠們的「宮殿」可以長達1公尺，甚至還能分出裡外兩個房間呢！

關鍵證據——鼻涕

著名的華人偵探李昌鈺在偵查一樁謎案時，從一條手帕上殘存的鼻涕中檢測出了犯罪嫌疑人的DNA，由此解開了謎案。

流鼻涕的意外發現

1921年，美國醫生弗萊明從感冒流鼻涕的黏液之中，分離出了溶菌酶，後來他透過進一步的培養，發現了青黴素。他也因此和其他兩位科學家共享了1945年的諾貝爾生理學或醫學獎。

用「鼻涕」找病毒

鼻涕是鼻腔分泌物異常增多的產物。不過鼻腔分泌物好好待在鼻腔裡時，還是有很多用處的，比如醫生可以透過採集鼻腔內分泌物的方式測定傳染病，稱做「鼻咽拭子」。

研究鼻涕也能獲獎

印度的兩名醫學家——安德雷德和施瑞哈瑞，致力於研究挖鼻孔，最終證明了「與成年人相比，挖鼻孔這種習慣，在兒童和青少年中更為普遍」。憑藉這項研究，他們獲得了2001年度搞笑諾貝爾獎的公眾衛生學獎。

研究鯨的「鼻涕」

科學家們用無人機採集鯨噴出的鼻腔分泌物，分析其中的菌群和微生物情況，據此為每頭鯨量身定制保護措施。

有趣的「鼻史」

法老的御用挖鼻師

早在3000年前的古埃及，人們就已經開始挖鼻孔了。埃及法老圖坦卡門的一個日常開銷帳本上面記載，法老有一項御用挖鼻師費用的支出。

挖挖更健康？

古印度曾經有一個觀點，認為挖鼻孔能使嗅覺更加敏銳，皮膚更加光滑，臉色更加紅潤。但事實上，這種說法並沒有科學依據。

危險的鼻子

丹麥著名的天文學家第谷，在一次慶典上與人起了爭執。為了一決高下，他們進行了一場騎士決鬥。在決鬥過程中，第谷被對方削去了鼻子。從此，特別製作的銅鼻子成了他的鮮明特徵。

藏在鼻涕裡的母愛

在因努特人的習俗裡，母親要為剛出生的孩子把鼻涕吸出來。這是因為，在零下幾十攝氏度的北極圈裡，鼻涕很容易結冰。

擦鼻涕也要優雅

中世紀晚期的歐洲，一個有修養的貴族，會在吃飯時用左手的兩根手指來擦鼻涕。

昂貴的鼻涕

2008年，美國女演員史嘉蕾‧喬韓森的一張擦過鼻涕的紙巾，在拍賣會上賣出了5300美元（約合新台幣169,540元）的高價！

樂高「鼻屎」

2020年，一個7歲的紐西蘭男孩，在擤鼻涕時有一個意外的發現：他兩年前不小心吸入的樂高零件，竟從鼻孔裡掉出來了！

愛乾淨的動物們

保持鼻腔衛生並不是人類獨有的特徵,動物們也會定期清理自己的鼻子。

海豹 會透過打噴嚏把鼻子裡的鼻涕和其他雜物一同噴出去。

大象 的長鼻子裡也會產生很多鼻涕,好在牠們會用鼻子吸水。大象會把水吸入鼻腔,再噴出去,就相當於清洗了一次鼻子。

長頸鹿 能用長長的舌頭清理鼻子。

狗的鼻子很容易被弄髒,影響嗅覺。因此,牠們會用舌頭清理鼻子。這樣既能保持鼻子的濕潤,也能防止有害物質的吸入。

30

馬、豬、兔子這些動物也會打噴嚏清理鼻子。他們的鼻孔都是朝前的，方便他們分辨空氣中的氣味，判斷對方是敵是友。

大猩猩非常注重鼻子的清潔，只要一有空閒，牠們就會挖鼻孔，還會從鼻涕裡獲取鹽分。

生活在巴西國家公園的僧帽猴，會使用樹葉和木棍等工具來清理鼻子。

犀牛鼻子和耳朵裡的寄生蟲都是讓牛椋鳥替牠們清理乾淨的。

31

當你正在家裡看電視，突然覺得鼻子有點兒癢，好像有鼻屎。
下意識地想挖一挖鼻孔時，你會怎麼辦？

挖一下？

是

否

把沾過溫水的棉花棒輕輕伸入鼻孔，開始清理。這時你發現鼻孔裡還有一些頑固的鼻屎。

挖出了幾顆鼻屎後，突然好奇鼻屎的味道，嘗一顆？

是

否

把鼻屎擦在紙巾上扔掉了。過了一會兒，你覺得有些無聊，要繼續挖鼻孔嗎？

是

否

嘗了嘗鼻屎，感覺有點兒鹹鹹的，再嘗一顆？

是

否

一不留神把鼻屎全吃光了，再挖一些？

是

否

使用生理鹽水清洗鼻孔，將頑固的鼻屎泡軟後，再用棉花棒清理。

鼻子舒舒服服！

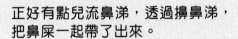

正好有點兒流鼻涕，透過擤鼻涕，把鼻屎一起帶了出來。

由於長期挖鼻孔，鼻孔似乎變大了一些。

鼻黏膜受傷了，鼻子有些出血。

你發現了一些頑固鼻屎，把鼻孔挖破了也沒能挖出來。你會不管不顧地繼續挖嗎？

是

否

手指上的細菌順著鼻黏膜上的傷口進入鼻腔，造成了感染。

小遊戲

請你來做個鼻涕醫生，判斷一下這些不同顏色的鼻涕分別是什麼原因造成的吧！

1 無色

A. 鼻腔內部太乾燥，或是得了某些血液疾病。

2 白色

B. 細菌或病毒感染的情況在加重。

3 黃色

C. 周圍的環境太惡劣了，全是煤塵和煙塵。

4 濃綠色

D. 與細菌或病毒「作戰」的白血球大量陣亡。

5 紅褐色

E. 感冒初期的一種症狀或是過敏性鼻炎導致的流鼻涕。

6 黑色

F. 已經被細菌或病毒感染了。

答案：1.E 2.F 3.B 4.D 5.A 6.C

34

請你回憶一下，這些動物都是怎麼處理鼻涕的？

2 大猩猩

1 狗

3 僧帽猴

4 海豹

5 大象

6 犀牛

A.用鼻子吸水來清理。

B.用舌頭清理。

C.用樹葉等工具來清理。

D.讓牛椋鳥幫忙清理。

E.直接用手指挖鼻孔清理。

F.透過打噴嚏來清理。

答案：1.B 2.E 3.C 4.F 5.A 6.D

35

作者介紹

 成立於2011年，扎根童書領域多年，致力於用優秀的專業能力和豐富的想像力打造精品圖書，已出版300多本少兒圖書。主要作品有《逗逗鎮的成語故事》、《古代人的一天》、《西遊漫遊記》、《拼音真好玩》、《文言文太容易啦》等系列圖書，版權輸出至多個國家和地區。其中，《皇帝的一天》入選「中國小學生分級閱讀書目」（2020年版），《森林裡的小火車》入選中國圖書評論學會「2015中國好書」。

主創團隊

段穎婷

張卓明

韋秀燕

陳依雪

黃易柳

王　黎

肖　嘯

周旭璠

審讀

張緒文　義大利特倫托大學生物醫學博士

孟令照　首都醫科大學附屬北京天壇醫院耳鼻咽喉頭頸外科副主任醫師